"贵州乡村振兴"书系获
贵州出版集团有限公司出版专项资金
资　助

U0344857

"水·产·生·态·养·殖·技·术·手·册" 丛·书

黄颡鱼

养殖技术手册

贵州省农业科学院水产研究所 / 编

赵 飞 赵振新 / 主编
罗天逊 吕振宇

贵州出版集团
贵州科技出版社

·贵 阳·

图书在版编目（CIP）数据

黄颡鱼养殖技术手册 / 贵州省农业科学院水产所编；
赵飞等主编. -- 贵阳：贵州科技出版社，2023.5
（"水产生态养殖技术手册"丛书）
ISBN 978-7-5532-1211-1

Ⅰ．①黄… Ⅱ．①贵… ②赵… Ⅲ．①鲿科—鱼类养
殖—手册 Ⅳ．①S965.128-62

中国国家版本馆CIP数据核字(2023)第118143号

黄颡鱼养殖技术手册
HUANGSANGYU YANGZHI JISHU SHOUCE

出版发行	贵州出版集团　贵州科技出版社
地　　址	贵阳市观山湖区会展东路 SOHO 区 A 座（邮政编码：550081）
出版人	王立红
经　　销	全国各地新华书店
印　　刷	贵州新华印务有限责任公司
版　　次	2023 年 5 月第 1 版
印　　次	2023 年 5 月第 1 次
字　　数	41 千字
印　　张	2.25
开　　本	787 mm x 1092 mm　1/32
定　　价	12.00 元

"贵州乡村振兴"书系编委会

主　　编：宋宝安

常务副主编：（按姓氏笔画排序）

冉江舟　冯泽蔚　苏　跃　杨光红　何世强　陈嬢嬢　孟平红

副 主 编：（按姓氏笔画排序）

刘　涛　许　杰　李正友　杨　文　余金勇　张效平　胡远东
曹　雨　戴　燚

编　　　委：（按姓氏笔画排序）

王家伦　文晓鹏　邓庆生　石　明　冉江舟　付　梅　冯泽蔚
吕立堂　朱国胜　乔光　任　红　刘　涛　刘　锡　刘　镜
许　杰　苏　跃　李　敏　李正友　李祥栋　杨　文　杨光红
何世强　余金勇　余常水　邹　军　宋宝安　张　林　张文龙
张廷刚　张依欲　张效平　张福平　陈　卓　陈泽辉　陈嬢嬢
孟平红　赵大琴　胡远东　钟　华　钟孟淮　姜海波　姚俊杰
秦利军　曹　雨　龚　俞　章洁琼　董　璇　曾　涛　雷　阳
蔡永强　燕志宏　戴　燚

总序

　　"贵州乡村振兴"书系诞生于如火如荼实施的"乡村振兴"战略大背景之中，从立意、策划、约请作者、编辑书稿、整体设计，直至当前首批成果即将付梓，时间已过去三年。三年中，书系历经多次思路的调整和具体方案的修改，人事也多有变更，但书系所有参与者为乡村种植、养殖产业发展提供技术服务，为乡村生态文明建设提供价值引领，为乡村振兴取得新成果进行总结与宣传的"初心"，迄今没有改变。

　　编辑出版"贵州乡村振兴"书系，主要目的是让最前沿的科学知识和成熟的实用技术尽快转化为解决实际问题的要素和生产力提升的推进器，伴随着"贵州乡村振兴"书系抵达田间地头，"飞入寻常百姓家"。在中国这样有着悠久历史的农业大国，农业科学技术日新月异，不断地推动着种植业、养殖业的发展；与此同时，我国是人口大国，为人民健康保驾护航的医学同样发展迅速。快速发展意味着科学知识、实用技术更新迭代的加快，只有使用最新的成熟技术和知识，才能为贵州产业发展、生态环保、健康生活提供保障，满足广大群众的期盼和渴求。书系中的各个板块，都力图将相关领域最新科学知识和技术化繁为简、化难为易，让阅读该书的广大群众尽快掌握和运用。

在形式上，书系以图文搭配、图文互彰的活泼形式，让严谨的科技知识更易被普通群众接受。书系的主要服务对象为活跃在田间地头的科技特派员、村里的种植户与养殖户（包括合作社、公司等负责人）、农村特殊人群（如患常见疾病的病人、职业病病人、孕产妇、老年人、儿童等）、驻守一线的村干部、返乡大学生、农技员等，如何将正确的理念、前沿的知识、优秀的技术"接地气"地传达给他们，经调查研究、试验、甄别，参考优秀"三农"图书，最终，我们采用科普读物、学术专著兼具，但对科普有所偏重的组织架构。其中，科普读物采用清晰明了的图片配合简明易懂的文字这一出版形式：文字简洁，可以让读者直接抓住实用知识和信息，不走弯路，节省时间；清晰的图片、图示，既可将方块字、数据蕴含的信息图像化、可视化，又能丰富和补充文字信息，甚至呈现出由于文字自身的模糊性而无法清楚传递的信息。活泼的设计也有助于调节视觉疲劳和阅读节奏，让纯粹以获取知识和技能、解决问题和困难为目的的阅读不再枯燥乏味。此外，书系中大部分图书采用了口袋书设计，便于携带。

书系的作者，都是在相关领域有扎实功底的。在种植、养殖板块，我们邀请了从事教学和研究多年的专家，以及长期深入田间地坎指导具体操作的科技特派员和农技员；在健康板块，作者们都从医多年，对于农村人群健康素养水平的提升、常见疾病的防治等经验丰富；在农村"五治"（治垃圾、治厕、治水、治房、治风）板块，我们邀请了从事规划和教学的专家……总之，书系作者对自己研究的领域既有扎实研究，又熟悉贵州的气候、资源禀赋、地形地貌、生态环境等，与此同时，他们还十分了解这片土地上生活着的人们内心的期待和需求，有着以自身所学所研回馈这片土地的质朴赤子情，也有着"将论文写在大地上"的奋斗精神。

"贵州乡村振兴"书系目前包含"生态农村建设系列"丛书、"农村健康生活知识手册"丛书、"茶叶栽培加工技术手册"丛书、"特色中药材种植养殖技术手册"丛书、"林木作物、农作物种植技术手册"丛书、"畜禽养殖技术手册"丛书、"水产生态养殖技术手册"丛书、"农技员培训系列"丛书等。随着乡村振兴这一战略的实施，我们也将适时新增板块，以配合和助力贵州乡村振兴的强力推进。当然，虽名为"贵州乡村振兴"书系，主要是为配合贵州乡村振兴工作而策划，但也适用于国内其他部分省（区、市）。

贵州曾是全国脱贫攻坚主战场，当前则是全国"乡村振兴"战略实施的主战场，统筹城乡一体发展的任务十分艰巨。

希望"贵州乡村振兴"书系的推出，可以切实助力于"新型工业化、新型城镇化、农业现代化、旅游产业化"战略目标的实现，乃至助力于建设社会主义现代化强国和实现中华民族伟大复兴。

是为序。

中国工程院院士
贵州大学校长　　　宋宝安

序

　　近年来，党中央、国务院高度重视生态文明建设和水产养殖业绿色发展，我国水产养殖业取得了显著成绩。加快推进水产养殖业绿色发展，是落实新发展理念、保护水域生态环境、实施乡村振兴战略、建设美丽中国的重大举措和必然选择。2019年，农业农村部、生态环境部、自然资源部等十部委联合发布的《关于加快推进水产养殖业绿色发展的若干意见》（农渔发〔2019〕1号），为新时代渔业绿色发展指明了方向。2021年，《贵州省国民经济和社会发展第十四个五年规划和二〇三五年远景目标纲要》提出，加快做大做强十二个农业特色优势产业，积极发展生态渔业。2022年，国务院发布的《国务院关于支持贵州在新时代西部大开发上闯新路的意见》（国发〔2022〕2号）提出，支持贵州在新时代西部大开发上闯新路，在乡村振兴上开新局，在实施数字经济战略上抢新机，在生态文明建设上出新绩。

　　自2018年以来，中共贵州省委、贵州省人民政府就将生态渔业列为全省十二大农业特色优势产业之一，生态渔业为2020年贵州撕掉千百年来的"绝对贫困"标签，打赢脱贫攻坚战，做出了重要贡献。贵州正处于乡村振兴的重要时期，如何结合农村实际情况，发挥好生态渔业的特色产业优势，是巩固拓展产业扶贫成果、实施乡村振兴战略的重要课题。

　　由贵州省农业科学院水产研究所牵头编写的"水产生态养殖技术手册"丛书，是"贵州乡村振兴"书系的重要组成部分。该丛书围绕当前农村地区水产养殖存在的养殖管理技术水平有限、养殖品种选择不准确等常见问题，向广大养殖户介绍草鱼、鲤鱼、鲫鱼等常规养殖品种，以及养殖效果较好的黄颡鱼、斑点叉尾鮰、牛蛙、加州鲈、鲟鱼、观赏鱼等特色养殖品种，对传统"稻渔"养殖模式进行分析，从养殖品种的生态习性、养殖管理方法、病害防治等多个方面进行最新知识的普及与技术手段的传播，以期解决养殖户日常碰到的各种养殖难题。该丛书内容专业全面，形式生动活泼，指导性强，其出版发行可谓是生态渔业科普领域一项非常有意义的创新性工作。

衷心祝愿该丛书的出版获得成功！希望该系列图书能为读者们答疑解惑！

国家重点研发计划项目首席科学家，二级研究员　王桂堂

2022 年 7 月 7 日

目 录

第一篇

黄颡鱼是什么鱼？

认识黄颡鱼

黄颡鱼属于鲿科黄颡鱼属，须4对，鼻须一半为白色，另一半为黑色，上颌须长，末端达到或超过胸鳍基部。背鳍硬刺后缘有锯齿，胸鳍刺比背鳍刺长。胸鳍刺前后缘均有锯齿。

黄颡鱼：颌须到达或超过胸鳍基部，胸鳍刺长于背鳍刺，胸鳍刺前后均有锯齿，鼻须半白半黑。

瓦氏黄颡鱼：颌须超过胸鳍基部，胸鳍刺短于背鳍刺，胸鳍刺后缘有锯齿。

在生长速度方面，瓦氏黄颡鱼生长较快。自然条件下，一龄鱼20～50克，二龄鱼50～150克。人工养殖时，一龄鱼100～300克。

黄颡鱼都吃些什么呢

黄颡鱼是杂食性鱼类,荤素都吃,不过比较偏爱吃荤。黄颡鱼幼鱼喜欢以枝角类动物、轮虫、水蚯蚓等为食,长大后主要以各种小鱼小虾为食。在养殖中,既可摄食动物饵料,也可摄食人工配合饲料。

黄颡鱼喜欢
生活在什么样的地方

黄颡鱼喜欢在湖泊静水或江河缓流中营底栖生活，也喜欢生活在有腐败物和淤泥的浅滩处。白天潜伏于水体底层，夜间觅食，冬季多聚集在深水处。仔鱼在晴天喜在水体上层集群。

黄颡鱼的优势是什么呢

黄颡鱼肉质细嫩，且无肌间刺，味道鲜美，营养丰富，同时还具有滋补作用和药用价值。黄颡鱼的铁、铜含量均高于鸡蛋、牛奶等，具有一定的补血功效。在医学上，黄颡鱼还有消炎、镇痛等功效。

黄颡鱼怎么吃呢

香辣黄颡鱼

麻椒黄颡鱼

黄颡鱼烧豆腐

红泡椒烧黄颡鱼

酸菜黄颡鱼

黄颡鱼焖豆腐

2015-2021年全国黄颡鱼产量变化趋势

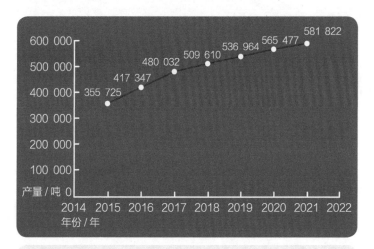

黄颡鱼全国总产量从2015年的355 725吨上升到2021年的581 822吨，同比增长63.56%。[数据来源：《中国渔业统计年鉴（2016—2022）》]。

2015—2021年贵州黄颡鱼产量变化趋势

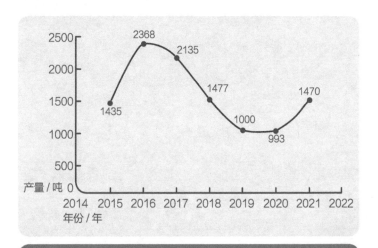

2015—2021年,贵州黄颡鱼养殖总产量虽有较大波动,但仍有较大的发展空间。[数据来源:《中国渔业统计年鉴(2016—2022)》]

黄颡鱼如何进行人工繁育?

亲鱼的收集和选择

亲鱼可以由人工繁育鱼苗养育而成，也可以从江河中收集而来。

亲鱼要求健壮活跃，外表光滑无伤。游动异常、体表有明显钩伤和擦伤的黄颡鱼，不能选作亲鱼。

亲鱼的雌雄区别

一般情况下，亲鱼要求雄性个体体重在350克以上，雌性个体体重在150克左右。

具体而言：亲鱼雄性个体较长，腹部细瘦，肛门之后有生殖突，生殖突长0.6～0.8厘米；雌性个体较短小，腹部膨大柔软，肛门处有一圆形生殖孔。

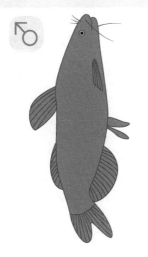

亲鱼培育池要求

选择面积5亩（1亩≈667平方米）*以上、注排水方便、沙质底的池塘作为亲鱼培育池。放养前干塘，经日光暴晒，注入少量水，用生石灰消毒；再加注新水，水深1米以上，经10～15天毒性消失后，放入亲鱼。

---

* 鉴于本书为农业科普性质图书，为便于广大农民群众阅读理解与实际操作，本书质量单位采用"公斤"，面积单位采用"亩"，并在全书第一次出现处分别给予其与"克""斤"和"平方米"的换算关系；其他物理量的单位采用文字表述（如"平方米""立方米"）。

亲鱼饲料选择

亲鱼饲养过程中，可投喂一些小杂鱼、小虾，也可将鱼、蚌、虾肉等用机器加工成肉糜投喂。若投喂配合饲料，鱼粉要占饲料总质量的三分之一。

亲鱼强化培育

亲鱼培育可从夏秋季开始，每亩放养黄颡鱼亲鱼350尾左右，投喂剑水蚤、轮虫、小鱼虾肉糜以及人工饲料，配合施肥培水，保持肥度适中。饲养过程中要不定期冲水，高温季节适时开动增氧机。至次年3月份后，将亲鱼捕起，雌雄分池饲养，要减少流水刺激。至催产前1个月，将发育成熟的亲鱼捕起放进暂养池，雌雄亲鱼仍须分开。

亲鱼催产池

黄颡鱼亲鱼催产池可采用水泥池、池塘、流水池等。常用水泥池，面积一般为7~8平方米，水深0.5~0.7米，同时要在催产池出水口处设置一圆形产卵窝。

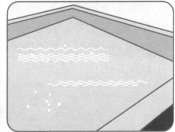

催产时亲鱼怎么选择

黄颡鱼一般在四大家鱼（青鱼、草鱼、鲢鱼、鳙鱼）人工繁殖后期开始繁殖。大约在 5 月中下旬，挑选腹部膨大，仰腹可见明显的卵巢轮廓，倒立有卵巢流动现象，生殖孔呈粉红色，手摸感觉鱼腹部柔软且富有弹性的黄颡鱼母本进行药物催产。父本宜选择体色较黄，腹部膨大，生殖突长（长度 0.5 厘米以上）而尖，生殖突末端呈红色的亲鱼。

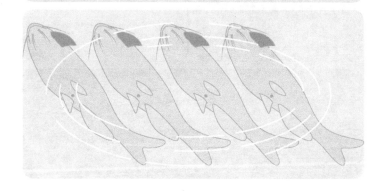

如何选择催产剂

选择鲤体（PG）、地欧酮（DOM）或促排卵素2号（LRH-A₂)催产剂，使用的剂量通常为四大家鱼使用剂量的2.0~2.5倍。

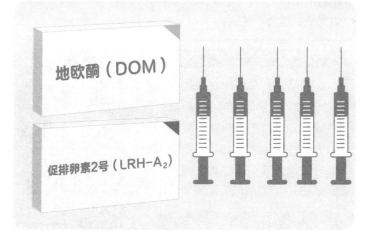

怎么注射催产剂

黄颡鱼可自行产卵受精，每4～7条雌鱼配1条雄鱼。

人工繁殖方式：黄颡鱼雌鱼催产素注射剂量为每公斤体重注射脑垂体（PG）1～3毫克+地欧酮（DOM）1～3毫克+促黄体释放激素类似物（LRH-A$_2$）5～15微克，雄鱼剂量减半。雌鱼采取两次注射法，雄鱼只注射1次。雌鱼两次注射时间间隔10～12小时，第一次注射时只注射雌鱼，雄鱼不注射。

人工授精：在催产剂效应时间过后，将雄鱼剖腹，取精巢剪碎加精子稀释液。同时将雌鱼卵挤入容器，再将精卵混合，然后将受精卵倒在网片上进行孵化。

第二篇

催产过程中
怎么收集受精卵

亲鱼注射第一针后，放入水深40厘米的产卵池；待第二针注射后，将水深调节到60厘米。整个催产过程保持微水流，用棕片或仿生水草做鱼巢，鱼巢下面放一层筛绢，用表面光滑的石块、砖头固定住。计算好效应时间，尽量使黄颡鱼在夜间产卵。若不能夜间产卵，必须做好遮阳措施，确保产卵效果。水温22～28℃时，效应时间大约为35小时。产卵结束后，取出粘有受精卵的鱼巢，并收集散落在筛绢上的受精卵，同时捕起亲鱼还塘。实践证明，用仿生水草收集受精卵效果较好，具有收集方便、杂质含量少、受精率高等优点。

22～28℃

苗种怎么人工孵化

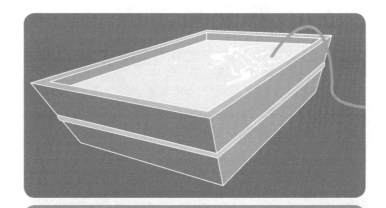

采用微流水孵化或静水充气方式孵化苗种。受精卵经消毒处理后，放入孵化池。注意放置应均匀，以免造成压卵现象。每个孵化池中放置3~4个增氧泵，整个孵化过程不间断充气，形成微水流，保证充分溶氧需求，有利于促进孵化。孵化过程中要经常检查，查看水质、水流情况。水温21~28 ℃时，经60~75小时即可孵化出膜。

孵化水温

|鱼苗出膜时间与水温的关系表 ★

孵化水温 /℃	受精卵孵出鱼苗时间 / 小时	孵化率 /%
18~21	90~97	79
22~25	60~70	83
25~27	55~60	87
28~30	50~56	76

水温在18~30℃时均可孵化，适宜孵化水温为21~29℃，最佳孵化水温为23~28℃。

孵化设施

孵化设施可采用四大家鱼孵化池或水泥池，面积5～10平方米，水深保持50～60厘米。

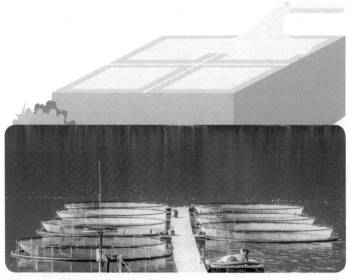

⚠ 注意：必须保持水体溶氧量充足。

第三篇

黄颡鱼孵出来了怎么养?

孵出来了怎么养

出膜后的仔鱼长仅3～5毫米，此时鱼苗池水深50～60厘米即可。最好用水泥池，保持微水流。每立方米可投放鱼苗1万～2万尾。

★ 出膜后3~4日，卵黄快吸收完毕，开口摄食。

★ 5~8日，开口饵料为蛋黄浆（蛋黄和水混合），每日投饵6次。

★ 9~12日，投喂轮虫、小枝角类和桡足类无节肢幼体等小型浮游动物。

★ 13~20日，投喂中型和大型的桡足类和枝角类浮游动物。

★ 约20日后，投喂水蚯蚓或者鱼糜。

★ 孵化后，开口很重要！

经过20~25日，黄颡鱼幼鱼长到3厘米左右，即可在投喂的水蚯蚓或鱼糜中添加一些富含营养的饲料。开始时饲料比例以不超过10%为宜，之后可每天适当增加饲料比例（5%~10%），直至全部投喂饲料。

怎么做才能让鱼乖乖吃饲料？ ⭐

鱼苗体长达到2~4厘米时，可将粉料用水搓成球状，投放到鱼池四周，以食台为中心逐渐缩小投饵范围，在30日内将范围缩小到食台。

幼鱼阶段饲料每天分3次投喂，可于每日早上8:00、下午4:00和晚上10:00各投喂1次。

规格苗种于夜间投喂，具体为傍晚7:00、晚上11:00、清晨4:00各投喂1次。

注意！！！

1. 投喂的活饵应进行消毒（高锰酸钾、聚维酮碘溶液浸泡），避免外来病菌危害鱼苗。

2. 每天投喂 3 次，避免水质恶化。

3. 合理调整进水量，保持溶解氧充分，建议配置气泵增氧。

4. 适时分池分箱，调整养殖密度。

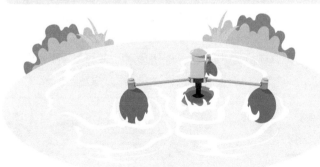

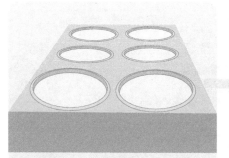 

当鱼苗体长达到4～5厘米后，可利用小池集约化培育，每立方米养殖量可降低到1500～1800尾。也可放到大一些的池塘中培育，但池塘要先消毒。培育浮游动物，做到肥水下塘。规格鱼种一般体长1厘米以上，即10～15日龄，每亩养殖鱼苗2万尾左右。

黄颡鱼商品鱼怎么养？

黄颡鱼养殖需要什么样的池塘条件

黄颡鱼属温水性鱼类，生长于水体底层，生存温度为6~38 ℃，最适宜生长温度为 25~28 ℃，pH值范围为 6.0~9.0，耐低氧能力比常规鱼类略差。因此，养殖黄颡鱼的池塘应符合以下条件：

（1）水深适宜。水深必须达到2米以上。如果水深不足，光照过于强烈，则不符合黄颡鱼喜弱光下摄食的生活习性。

（2）水源充足。池塘必须有稳定、充足、无污染的天然水源，要求一年四季都有优质水供应。

（3）能排能灌。池塘必须具有完备的进水、排水系统，排灌自如，且建有安全可靠的进水、排水口，有配套建设的网具等拦鱼设施。

（4）**底质良好。**要求池底平坦，方便捕捞，塘底为沙质土最好，底部淤泥厚度控制在10厘米左右。池底必须做到保水及保肥性好，易于培肥。

（5）水质良好。 黄颡鱼喜欢清澈洁净的水质，故水质应符合养殖用水标准，池水透明度应保持在35厘米以上，水体最好有活水常年流动，且配备增氧机、抽水机、投饵机、养殖渔船等机械设备。

黄颡鱼养殖过程中
如何保证水质

黄颡鱼是无鳞鱼，对环境要求严格，且对许多药物敏感，必须保持养殖环境优良，水质良好，以减少病害。

（1）**严格清塘**。无论新、老池塘，都必须经过严格的清塘消毒。老池塘应清除过多淤泥，保留底泥厚10厘米左右；新池塘要求池底平坦，底泥平整。于晴好天气，采取干法清塘消毒，每亩使用生石灰150公斤，均匀撒入池底后，用锄耙匀，使池底泥土与生石灰充分混合，以便彻底杀灭池塘中病原体、寄生虫等。

（2）**适时注水**。清塘消毒7～10天，池底经过充分暴晒杀灭各种病原体后，注入优质养殖用水。进水口必须设置相应目数的筛绢过滤水体，防止野杂鱼、敌害生物及虫卵进入池内。初次注水深80厘米左右，放入小鱼虾进行试水。确保安全后，可将池水加至深2米以上，做好放养黄颡鱼苗的准备。

（3）**施足基肥**。鱼种放养前，根据池塘水体情况，一次性施足基肥（发酵腐熟过的有机粪肥），一般按每亩150～200公斤基肥，全池均匀泼洒，以培育水体浮游生物。

黄颡鱼放养前
需要注意什么呢

（1）**提早放养。**适当延长养殖周期，提高养殖产量。黄颡鱼放养时间一般在每年4月下旬，但因各地气温不同，只有当气温条件允许、水温稳定在10 ℃左右时，才可放养，以便人为延长生长时间。

（2）**鱼种优质。**市场上黄颡鱼品种较多，但无论是何品种，放养时必须要求其出自正规的黄颡鱼良种繁殖场，并尽量选择人工繁育的优良鱼种，这样既可保证品种的纯度和生长速度，又可提高成活率。

（3）**规格宜大。**鱼苗规格大，体质相对较好，生长相对较快，因此市场上大规格黄颡鱼苗颇受欢迎。

如何确定黄颡鱼放养密度

鱼苗规格与每亩饲养数量、配养鱼数量的关系见下表。

鱼苗规格 / 厘米	每亩饲养 尾数 / 尾	配养鱼（鲢鱼、 鳙鱼）/ 尾	备　注
2	2500～3000	200	主　养
3	2000～2500	200	主　养
3～5	1800～2000	200	主　养
4～5	1500～1800	200	配　养

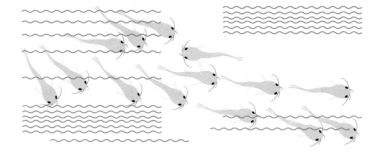

第四篇

黄颡鱼转入池塘以后该投喂什么

黄颡鱼转入池塘后，应投喂人工配合饲料，饲料中蛋白质含量应达到36%以上。用小鱼虾和冰鲜鱼作饲料的，投喂早期应将其搅成肉糜，后期可将其剁成细碎块投喂。投喂混合饲料的，其中鱼糜含量在60%以上，植物性成分含量在40%以下。

转入池塘以后该怎么投喂

转入池塘后，可根据池塘大小，每口成鱼池中设置1~2个饵料台。在早春或晚秋水温较低时，每次投饵量相当于鱼体重的1.5%~2.0%，其余时段投饵量占鱼体重的3%~6%;生长旺季一般每天投喂2次，即上午8:30左右、下午6:00左右各投1次，每次投喂量以鱼群1小时内能将饲料吃完为宜。

日常管理

★ 每隔10~15天，应加注新水1次，每次注入新水深30厘米左右。高温时节加水间隔时间可适当缩短。

★ 遇到天气闷热和气温突变时，应提前开启增氧机对水体进行增氧。

★ 定期用生石灰或二氧化氯对池塘和饵料台进行消毒，可有效预防鱼群患病。

★ 坚持日夜巡塘，观察鱼群采食、活动及生长情况，发现隐患及时排除。尽量避免行人、兽类等进入养殖区惊扰鱼群，以免发生应激反应。

黄颡鱼生病了
怎么防治?

黄颡鱼抗病力较强，如果能按要求控制水质，做好常规消毒和预防工作，一般很少发生病害。下面介绍黄颡鱼养殖过程中常见的几种病害及其防治方法。

"一点红" 病

病　因: 黄颡鱼"一点红"病主要由爱德华菌感染所致(养殖水质不良,水体中的氨氮、亚硝酸盐含量较高),尤其以水质不良的精养池塘发病率较高。病鱼表现为头顶部充血、出血,严重的头顶穿孔、裂开,故称其为"一点红"病。

防治方法:

第一天全池泼洒戊二醛、苯扎溴铵、高铁酸钾或聚维酮碘溶液。

第二天全池泼洒降氨宁、底净宁、增氧宁。

第三天全池泼洒益水宁、高效复合芽孢杆菌、EM原露,同时于饲料中拌和恩诺沙星粉或氟苯尼考粉、水产维生素C。

5~7天为1个疗程。

烂鳃病

病 因： 黄颡鱼烂鳃病主要由弧菌、嗜水气单胞菌、爱德华菌等细菌引起。

病鱼表现为头部乌黑；鳃部苍白，有黏液，鳃丝腐烂，鳃盖骨内表面发炎充血，严重的腐蚀脱落。

防治方法:

将聚维酮碘用水稀释成300~500倍液，全池均匀泼洒，每立方米水体用量为4.5~7.5毫克，隔日泼洒1次，连续泼洒2~3次。

将溴氯海因粉用水稀释成1000倍液或以上，全池均匀泼洒，每立方米水体用量0.03~0.04克，连续泼洒2天。

内服恩诺沙星粉，每公斤鱼体重用10~20毫克恩诺沙星粉，或每公斤饲料拌和恩诺沙星粉4克，连用5~7天。

拌饵饲喂三黄散，每公斤体重使用0.25克或每公斤饲料拌和5克投喂。

出血性水肿

病 因： 黄颡鱼出血性水肿主要是由细菌感染引起的。病鱼表现为体表泛黄，黏液增多；咽部皮肤破损充血，呈圆形孔洞；腹部膨大，肛门红肿；头部充血，背鳍肿大，胸鳍与腹鳍基部充血，鳍条溃烂；解剖死鱼可见腹腔淤积大量血水或黄色胶冻状物。

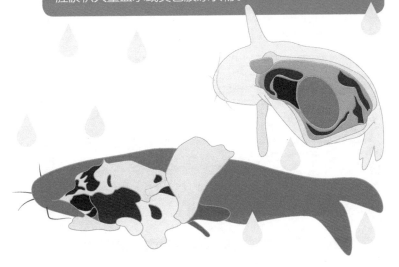

防治方法：

时刻注意水质情况，每升水溶解氧含量应保持在5毫克以上。

适当降低鱼苗放养密度。

疾病发生后，每天进行水体消毒，连续消毒2~3天。

在投喂鱼糜时，应在饲料中添加1%的食盐。

肠 炎

病因: 黄颡鱼肠炎是由点状产气单孢杆菌感染引起的。病鱼表现为腹部膨大,肛门红肿;轻压腹部,肛门有黄色黏液流出;解剖可见肠充血发炎。同时,病鱼离群独游,活动迟缓,食欲减退。

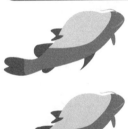

防治方法:

黄颡鱼在转塘前,应对池塘进行彻底清塘消毒。

饲养过程中不投喂霉变腐败的饲料,活饵应用浓度为2%～3%的食盐溶液进行消毒,并定期在饲料中添加1%的食盐。

全池每立方米水体泼洒0.5克二溴海因。

小瓜虫病

病　因: 黄颡鱼小瓜虫病由多子小瓜虫寄生引起。病鱼表现为体表出现肉眼可见的小白点,严重时体表似覆盖了一层白色薄膜;镜检可在鳃丝和皮肤黏液中发现大量小瓜虫。

防治方法:

在每立方米水体中加入福尔马林50~60毫升,然后以此浸洗鱼体10~15分钟。

使用小瓜虫专用药(水天维必杀),加水稀释2000倍后全池均匀泼洒,每亩水面1米水深使用20~25毫升。

车轮虫病

病　因： 黄颡鱼车轮虫病由车轮虫寄生引起。病鱼表现为焦躁不安，严重感染时病鱼沿塘边狂游，呈"跑马"状态；镜检可见大量车轮虫寄生于鱼体的鳃丝和皮肤黏液中。

防治方法：

每立方米水体用 0.7 克硫酸铜和硫酸亚铁合剂（二者比为 5∶2）全池泼洒。

使用车轮虫专用药（中水车轮净），用水稀释3000倍以后全池均匀泼洒，每亩水面1米水深使用25~50毫升。

水霉病

病　因： 黄颡鱼水霉病由水霉菌寄生所致。水霉菌寄生初期，肉眼看不出鱼群有何异状，但当肉眼能看到时，菌丝已侵入伤口且向内、向外生长与蔓延，鱼体表出现类似灰白色棉絮状的附着物。病鱼表现为游动失常，焦躁不安，直到肌肉腐烂，失去食欲，瘦弱而死；若排出的鱼卵上布满菌丝，则鱼卵呈白色绒球状，成为死鱼卵。

防治方法：

鱼种入池前将鱼种放入碘制剂（浓度为每立方米水加入碘试剂10毫升）中浸泡15分钟左右，以达到切断病原传播途径的目的。

鱼池泼洒过硫酸氢钾，预防用量为每亩水面用50～70克，每半月1次；治疗用量为每亩水面用125克。

鱼池泼洒硫醚沙星，每亩水面用量80～100毫升。

在秋冬季打捞、运输、投放过程中轻拿轻放，避免机械损伤。条件适宜时可降低水位，提高水温。

第六篇

黄颡鱼是如何进行长途运输的呢？

黄颡鱼运输注意事项

★ **选择适宜的运输工具：**尽量选择空间大一点的货车，以提供充足的水。同时，要特别注意检验货车的减震性能，避免因为路途颠簸导致水或者鱼苗外溢，造成不必要的损失。

★ **运输前要确保鱼体健壮：**运输前后的装卸过程难免会出现对鱼体造成损伤的情况，因此鱼体健壮才能经受得住装卸的"繁重压力"。

★ **运输前要停食锻炼：**运输前要对鱼群进行停食训练，此举可减少粪便的产生，避免运输过程中因水质浑浊而造成鱼缺氧。

★ **水温适宜，水质干净，溶解氧充足：**高温天气，可以在水中加入适宜的冰块降低温度。同时，在运输过程中要时刻保持水质的洁净及适宜的溶解氧含量，避免因出现污染导致鱼缺氧窒息而死。

入塘调温

装　鱼

入塘操作

附 录

名词解释 ⭐

★ **饵料系数：** 指在一定时期内鱼类消耗某种饵料重量和鱼类增加重量的比值，是评价不同饵料的营养价值和经济效果的指标。

★ **鱼长：** 一般指鱼的全长，从鱼的口吻端到尾鳍末端的总长度。

★ **水花：** 指由亲鱼产卵、受精孵化出的鱼苗至平游期的仔鱼。

★ **乌仔：** 长度1.0～1.5厘米，一般指水花下塘后7～10天阶段。

★ **黄瓜片：** 长度2.0～2.5厘米，形如黄瓜子大小，一般指水花下塘后15～20天阶段。

★ **寸片：** 长度3.0～3.5厘米，一般指水花下塘后25～30天阶段。

★ **鱼苗：** 指孵化出来的长度为3厘米左右的小鱼。

★ **鱼种：** 指全身披鳞（无鳞鱼除外）的仔稚鱼到生长至形态和成鱼相似的幼鱼。

★ **亲鱼：** 又叫亲本、种鱼，指用来繁育的鱼。

★ **商品鱼：** 指规格较大的成鱼或食用鱼。